SUDOKU

100 PUZZLES WITH SOLUTIONS

EASY LEVEL **BOOK 9**

ISBN: 9781693664243
Copyright © 2019 Tim Bird.

All rights reserved. No part of this publication may be reproduced, distributed, or transmitted in any form or by any means, including photocopying, recording, or other electronic or mechanical methods, without the prior written permission of the publisher.

The contents of this book are believed to be correct at time of printing. Nevertheless the publisher cannot accept responsibility for errors and omissions, changes in the detail given or for any expense or loss thereby caused.

A standard Sudoku puzzle consists of a grid of 9 blocks. Each block contains 9 boxes arranged in 3 rows and 3 columns.

8	4	1	7	9	6		3	2
			2	5	4	8	1	
6	2	5	3	1		9	4	7
2		8		3	7	4	5	1
3		7	4	8		2	6	9
	5	6	9		1			8
5							2	3
1	6	3	8	4	2	7	9	5
9	7	2	5	6	3	1	8	4

The Basic Rules of Sudoku:

- There's only one solution to a Sudoku puzzle. A puzzle is considered solved when all 81 boxes contain numbers by following the Sudoku rules.
- When you start a game of Sudoku some blocks already have numbers (fewer number make a harder puzzle). These numbers cannot be changed.
- Each column must contain every number from 1 to 9 and no two numbers in the same column can be duplicated.
- Each row must contain every number from 1 to 9 and no two numbers in the same row can be duplicated.
- Each block must contain every number from 1 to 9 and no two numbers in the same block can be duplicated.

Here's the solved puzzle:

8	4	1	7	9	6	5	3	2
7	3	9	2	5	4	8	1	6
6	2	5	3	1	8	9	4	7
2	9	8	6	3	7	4	5	1
3	1	7	4	8	5	2	6	9
4	5	6	9	2	1	3	7	8
5	8	4	1	7	9	6	2	3
1	6	3	8	4	2	7	9	5
9	7	2	5	6	3	1	8	4

Puzzle 1

3	6	4	2	7	8			9
5	1		4		3	6	2	8
2	9	8	6	1	5	4	7	3
9	7		8	2	6			4
1	2		7	4	9		8	6
4	8	6	3	5	1	7	9	2
7	4	9		3	2		6	1
6			9		7	2		
8	5	2			4	9	3	7

Puzzle 2

	1	6	5	8	4	7	3	
3	4	8	9	7	2	6	1	5
			1	6	3	8	4	
			7		1	4	6	
	3		2		6	1	5	
	6	1	8		5	9	2	
	9	2	6	5	8	3	7	4
	7	4	3	2	9	5	8	1
5	8	3	4	1	7	2	9	6

Puzzle 3

1	6	5	7	8	4	9	2	3
9	8	7	2	5	3	1	4	6
3	2	4	1	9	6	8	5	7
4			6	2		7	8	1
7				4		3		2
2			3	7		4		5
5		1		6		2	3	9
8			5	1	2	6	7	4
6		2		3		5	1	8

Puzzle 4

4	2	6	5	3	1	9	7	8
8	5	7	9	6	4	2	3	1
3	1	9	8	2	7	4	5	6
	3	4		5	9			
	9	8		4	3	5		
5	6	1	7	8	2	3	4	9
9	8	5		1	6	7	2	
6	4			7	8	1	9	5
1	7			9	5			

Puzzle 5

	9		5	6		3	7	1
7	1	5	3	8	9		2	6
2	6	3	7	4	1		8	5
1	2	6		3	4	8	5	
4	7	8	2	5	6		3	9
5	3	9	8	1	7		4	
6	5	1	4	2	8	7		3
9		2			3	5	6	8
	8		6	9	5	2		

Puzzle 6

6	3	8	7					
4	5	1	3	2	6	9	8	7
9	2	7	5	8		6		3
8	6	5	2	3	7			9
3	1	4			8	7		
2	7	9	4	1	5	3	6	8
5	9	6	1			8	3	4
1		3		5		2	7	6
7		2			3	5	9	1

Puzzle 7

			3				7	
	3	8	6		7		9	4
2			1			6	3	
			5	9	2	3	8	1
3	5	2	8	1	4	9	6	7
8	1	9	7	3	6	5	4	2
			2	6	3	8	5	9
9	2	3	4	8	5	7	1	6
6	8	5	9	7	1	4	2	3

Puzzle 8

7	2	5			8	3		4
3	4	6	7	5				2
8	9	1	3	4	2		6	
5	1	9	4	3	6	2	7	8
4	7	8	1	2	5	6	3	9
2	6	3	8	9	7	4		
1	5	7			4		2	3
	8	2	5		3		4	6
6	3	4	2					

Puzzle 9

6	3	2	1	8		4	9	5
			6	3	4	7	8	2
4	8	7	9	5		1	6	3
	4		2	6	3		7	
	2	8	5	7	1	3	4	6
7	6	3	8	4	9	2	5	
2	7		4	1	6		3	
3		6	7	2	8		1	4
8		4	3				2	7

Puzzle 10

2	1	6	3		4	5	8	
8	3	5		2		1	4	
7	9	4	8	1	5	6	2	3
4	5	1		8		9	3	6
9	2	8		3		7	5	4
3	6	7	5	4	9	2	1	8
5	4					8	6	
6	8			5		4	7	
1	7	2	4	6	8	3	9	5

Puzzle 11

8	5	9	1		6			2
2	1	6	4	3			8	7
7	3	4	8	2	9			
3	2	7	9	5	4	8	6	
9	6	5	2		8	7	4	3
4	8	1	7		3		2	9
	7	2	5	8	1	3	9	4
5	9	3				2		8
		8	3	9	2	6	7	5

Puzzle 12

		1		7	9	5		2
		5		2	1	7		
2		7	3	4	5	1	6	
6	3	2	5	9	7	4		1
	1	8		6	3	2	9	7
	7	4	2	1		6	5	3
7	4	6	9	3	2		1	
		9	1	5	4	3	7	6
1	5	3	7	8	6	9	2	4

Puzzle 13

	2	9		4		5		3
4	3	6	5	9	2	1	8	7
	5	1		3		4	9	2
	8	2	4			7	3	6
	6	3		7		2	4	5
5	4	7	6	2	3	8	1	9
	7					9	2	4
3	9	5	2	8	4	6	7	1
2	1	4	9	6	7	3	5	8

Puzzle 14

	4	5	6	8	9	7	3	1
7	8	9	1	3	2	5	4	6
3	1	6	5	7	4			
6	3	1	9	5	7			
8	5	7			6	3	1	9
9	2	4	8	1	3	6	7	5
5	6	3	7		8	1		
1					5		6	3
4	9	2	3	6	1	8	5	7

Puzzle 15

8	6	4			1	7	2	9
3	7	2	9	6	4	1	8	5
5	9	1	2	7	8	6	4	3
9	2	7	6	8	5	3	1	4
1	8	3	4	9	2	5	6	7
4	5	6	7	1	3		9	
	4		1					
	1			4				
6	3	9	8	2		4	5	1

Puzzle 16

6	5	2	7	4	9	8	1	3
	7	9			1	2	4	6
	1		2		6	9	7	5
9	6	1	4			3	2	7
	3		9	1	2	6	5	4
2	4	5	6	7	3	1	9	8
	2			9			6	1
5	8	6	1	2	4	7		9
	9			6			8	2

Puzzle 17

		5	8	1	9	3	2	7
7	2	1	4	3		9		8
9	8	3	7	6	2	5		4
	3		1	2	8	7		
2	1	9	3	5	7	4		6
5	7	8	6	9	4	2	3	1
		2				8		3
8				2		3	1	
3	5	7	9	8	1	6	4	2

Puzzle 18

9	7	5	6		4		8	3
1			9	3			5	7
	3	8		5			4	6
5		3		4	7	8	6	9
7	8	4	2				1	5
6	1	9	5	8			2	4
4		7	8	1		6	3	2
	5	2	3		6	4	7	1
3	6	1	4	7	2	5	9	8

Puzzle 19

3	2	1	7	9	6	8	4	5
9	4	8	2	5	3	7	1	6
5			1	4	8	9	2	3
6	1	3	9	8	5	2	7	4
8	9	2	3	7	4	5	6	1
7	5	4	6			3	8	9
1	8		4	3	7	6		2
				8				7
				5				8

Puzzle 20

7			8	6		1	4	3
8		1	5	7	3	2		6
3	6	9		1	2	5	8	
	1			5	8	4	6	9
6			1	9	4	7	2	8
9		4	6	2	7	3	5	1
4	9	6	2	3	1	8	7	5
1	7		9		5	6	3	
5			7		6		1	

Puzzle 21

	7	1	4	8		5		2
		5	2		1	7		
2	8	9	5	3	7	6	1	4
		8	3	2		1	7	5
1	3	2	7	5	8	4	6	9
7	5			1		8	2	3
	1	3		7	5	2	4	6
5	2	7	6	4	3	9	8	1
				1	2	3	5	7

Puzzle 22

9	1	4	2	7	6	8	3	5
6	7	3	5	8	4	1	9	2
5	8	2	9	1	3	6	7	4
7	4	5				2		
2		9		5				8
1		8		2		5		
	5	1					2	
8	9	7	1	3	2	4	5	6
3	2	6	7	4	5	9	8	1

Puzzle 23

9		2	1	6	4			
1	5	7	8	3	9	2	6	4
6		4	7	5	2			
2	7	8	6	1	3	9	4	
	9		4	8	7	6	2	1
4	1	6		9	5		8	7
7	4	3	5	2	6			
8		9	3	4	1			2
5	2	1	9	7	8	4	3	6

Puzzle 24

4	5	8	3			6	2	1
3	1	6				2	7	5	8
7	2	9				1	3	4	6
5	7	2			8		3	4
8		1	2		3		6	7
6		3			7		8	2
9	3	7			4	6	2	5
2	8	5	6		9	4	7	
	6	4	7	2	5	8	9	3

Puzzle 25

9	8	7	5	3	4			2
	5	3	8	6	1	7	9	4
		6	9	2	7		3	5
	3	5	1	4			7	8
	7	2	3	8				6
8		9	6	7				3
3	9	4	2	1	8			7
	2	1	4	5	6	3	8	9
5	6	8	7	9	3	4	2	1

Puzzle 26

4	2	1	9	6	3	7		
6		9	7		8	1		2
7		8	1		2		9	6
5	6	7	8	3	1	9	2	4
	4	2	6	7	5	8	1	3
8	1	3	4	2	9	5	6	7
3	8	6	5	9	4		7	
2	9	4	3			6		
1	7	5	2	8	6			9

Puzzle 27

	1		3	6	9	4	7	8
6	3	7			4	9	5	1
4	8	9	7	5	1	6	2	3
	9				6			7
	6			9		1		5
	4		5	1			9	6
	2		9	3	5	7	6	4
3	5	4	6	7	2	8	1	9
9	7	6	1	4	8	5	3	2

Puzzle 28

1	8	3	7			9	5	2
4	9		1	3	5		7	8
6	7		8	2	9	1		3
7	1		5	8	2	3	9	4
9	2	8	4				6	
	3	4	6			8	2	
8	6		2	7	4	5		9
	4	7	9	5	8	2	1	6
2	5	9	3	6	1	4	8	7

Puzzle 29

	9			4	5	2		1
	2				8	4		6
	4	1		2	7	3		5
4	7	5	2	8			1	3
3	1	8	4	5			2	7
9	6	2		3	1	5	4	8
1	3		5	7	4	8	6	2
7	5	4	8	6	2	1	3	9
2	8	6			3	7	5	4

Puzzle 30

7	4	5	2	8	9	1	6	3
	2	6	4		7	8	5	9
	8	9	6			7	4	2
6	5	4	8	9	1		2	7
8	3		7	6	2	4	9	5
2	9	7		4		6	1	8
9	1	8				2	7	4
	6	2	9	7			3	
	7	3	1	2	4	9	8	6

Puzzle 31

	3	1	8			7		6
6	5	2	7	3	9	4	8	
7			2	1	6	5		3
8		3	4	6	7		1	
1	7			9	2	8	6	4
	2	6	5	8	1		7	9
2			1			9	4	8
5		9	6	7	8	1	3	2
3	1	8	9		4	6	5	7

Puzzle 32

8	5	1	6	3	2	4	7	9
3		6	7	9	5	8	1	2
2	7		1	4	8	6	5	3
5	9	2	8	6	3		4	
1	3	4	9	5	7	2	6	
6	8	7	2	1	4	3	9	5
4	6	3	5	2			8	
	2		4				3	6
	1		3				2	4

Puzzle 33

9	8	4	1	7	6	5	3	2
7	3	1	4	5	2		6	8
5		2		8	9	4		
	1	8	2	6	3	7	5	9
3	5	7	8		1		2	4
6	2	9		4	5	1	8	3
	4			1	7	2	9	
2	9			3		8		
1			9	2	8	3	4	

Puzzle 34

1		5	9	7		3	8	2
9		8	3	2		7	1	5
2	7	3	1	5	8	6	9	4
	1	4				2		
	5			1	2	8	3	
	2					4		1
5	8	1	6	4	7	9	2	3
4	9	2	8	3	1	5	6	7
6	3	7	2	9	5	1	4	8

Puzzle 35

1	8	4		2	3	6	7	5
	5	7			6	1	2	9
9	2	6	1	5	7	8	3	4
6	7	3		9		4		
8	1	9	5	7	4	3	6	2
2	4	5	3	6	1	7	9	8
	9		7	3	8			6
7	6		2	4	5	9		3
	3		6	1	9			7

Puzzle 36

7	3	4	2	5	8	1	6	9
1	9	8			7	2	5	3
2	5	6	9	3	1	7	8	4
4	2	5	8	7	3	6	9	1
8	6	9				3	4	7
3	1	7				5	2	8
6		2			4	9		5
5	4	1	7	9	6	8	3	2
9		3						6

Puzzle 37

4			2	9	6		1	8
				1	3			4
8	1	6	5	7	4	3	9	2
1			4	2	8	9	5	
5	8	9	3	6	1		4	7
2	6	4	9	5	7	1		3
3	2	8		4	5			9
7	4	1	6	3	9	8	2	5
6	9		7	8	2	4	3	1

Puzzle 38

			7	8				
8	5		4	2		3	7	
	4	7	5	6		2	8	1
		3	1	5	8		6	7
	6	8	3	7	2	5	1	
7	1	5	6	9	4	8	2	
1	8	9	2	3	7	6	4	5
5	3	4	8	1	6	7	9	2
6	7	2	9		5	1	3	8

Puzzle 39

4			8	1	6		9	
1	6	2	5	9	7	4	3	8
8	9		2	3	4		1	6
6			4		1		8	
9	1	4	7		8		6	
2	5	8	9	6	3	1	4	7
5		6	1	8	2		7	
	2	1	6		9	8	5	
7	8	9	3	4	5	6	2	1

Puzzle 40

	9	6		4	8	5	1	2
8		1	6			4	9	
5	7	4	1		9	6		3
2	4	9		7	3	1	6	
1	3	8	5	6	4	7	2	9
7				1	2	8	3	4
4		2	3	5	6	9	7	
6	8			9	7	2		
9	5	7	2	8	1	3	4	6

Puzzle 41

9	8	1	2	6	4	3	5	7
5	7		3		1			2
4	2	3	7		5			1
6			4	1	7	5	2	8
	5	7	6		9		3	4
	4	2	5	3	8	9	7	
	1	8	9	7	3			5
3	6		8	5	2	7	1	9
		5	1	4	6	2		3

Puzzle 42

4	9			6	5	2		
3		1	4	7	9			6
6	8	5	3			7	9	4
2	4		9	3	6		7	5
	3	6		1	8	9	4	2
1	7	9	2	5	4	3	6	
	6	3	1	4			5	9
9	5	2	6	8	7	4	1	3
8	1	4	5	9	3	6	2	7

Puzzle 43

	6	1		7		9	2	8
2	7	3	9	5	8	1	6	4
8	4	9	2	6	1	7	5	3
3	2	8			6	5	4	
9	1	7	5	8	4	6	3	2
6	5	4		2		8		
1		5	8	3	2	4		6
4	3	6				2	8	
7	8	2	6					

Puzzle 44

3	4			7			8	
7	6	5	9	1	8	3	2	4
8		2	3	5	4		6	7
5	3	4		2	7	8	9	6
1	8	7	6	9	3		4	
9	2	6		8	5	7	1	3
4	7		8	3		6		
6		3	5					8
	5	8	7	6	9	4	3	1

Puzzle 45

9	7		8	5	4	3	1	2
4	2	5	3	7	1	9	8	
8	3	1	6	2	9		4	7
7	6	8	4	3		2	9	1
5	9	3	1	6	2	4	7	8
2	1	4	7	9	8	6	5	
	4			8	6			9
	5	9	2	1	7	8		4
	8			4	3			5

Puzzle 46

5	6	4	1		9	2	7	
	8	3	6	5	2	4	1	9
9	1		7	3		6		
6	5	1	4	7	3	9		
4	3	9	5	2	8	7	6	1
2	7	8	9	1	6	3		
1	9				7			
3	2	6	8	4	5		9	
8	4	7	2	9	1	5	3	6

Puzzle 47

7	1	3	4	6	5	9	8	2
6			2			3		
9	8	2	7	1	3	4	5	6
8	3	7	1	5	6	2	9	4
1	2	6	9	4	7	5	3	8
	9			3	2	6		
2	6	9	3		1		4	5
3	7	8			4	1	6	9
		1	6				2	3

Puzzle 48

2	4	8		3	5			
3	7	6	1	9			8	5
5		9	2		7	4	3	
9		4	7	1	8	6	5	
1		3	5			7	9	2
6		7	9	2	3	8	1	4
7	3	5	4	6	9	1	2	8
8	6		3	7	2	5	4	
4	9	2	8	5				

Puzzle 49

7			9	3	4	5	6	8
9	5	4	6	8	2	3	7	1
3	8	6	5	1	7		9	
	7	9	1	6			3	
	6	3	4	9		7	1	
1	4	5			3	6	8	9
6	3			4	9	1	5	7
4	9	7	3	5	1	8	2	6
5					6	9	4	3

Puzzle 50

	5			9	8	4	7	
8		9		6	4	5		1
4		1		7	5			6
3		2	9	5	1	7		4
5	1		4	2		3	8	9
7	9	4			8	2	1	5
9		8	5	4		1	7	2
2	5	7	1	8	6	4	9	3
1	4	3	7	9	2	6	5	8

Puzzle 51

		2	4	5	1	9	8	6
8	4	5	3	9	6	2	7	1
1	6	9	8	2	7	4	3	5
	8	1	9	7	3	5		4
		7		8		1		3
		3		1		8		7
	2	6	1	4	8		5	9
		4	5	6	2		1	8
5	1	8	7	3	9	6	4	2

Puzzle 52

1	2	9	5	4	3	6	7	8
3	7	4	6	9	8	1		5
5	6	8				3	9	4
	5	2				4		
4		3	2	5	9	7		6
		6	4			2	5	
2	9	5	3	7	4	8	6	1
8	3	1	9			5	4	7
6	4	7			5	9	3	2

Puzzle 53

7		6	5	2	8	4	9	3
2	3	4		6		8	7	5
9		5	4	7		6	1	2
5	7			3		1		4
1	2	9	8	4				6
4	6	3		5		7		9
8	4	1	3	9	5	2	6	7
6		7	2	8	4	5	3	1
3					6	9	4	8

Puzzle 54

2	5	1	4	8	3	9	7	6
7	8	3	5	6	9	2	4	1
6	9	4	2	1	7	8	5	3
5		8	7	4			9	2
		9	3	2		7		
	2	7	9	5	8		6	4
8		6	1		4	5	2	
		2	8		5	6	3	
		5	6		2	4	1	8

Puzzle 55

7	5	3		1	2	6	9	
	1		5		6		2	
2	6		7	3	4	1	8	5
1	4	2		6		5	7	8
9	8	6	1	5	7		3	2
5	3	7	2	4	8	9	1	6
8	9	5	4	2		3	6	7
6		4			3	8	5	1
3		1	6		5	2	4	9

Puzzle 56

4	8	7	6	9	5			3
5	2	6	8	3	1	4	9	7
1	3	9	4	2	7	5		
6	9	3	7		8			
2	7	4	3		9	8		
8	1	5	2	6	4	3	7	9
7	4		5		6	9	3	
9	5		1	7	3	6		
3	6		9	4	2	7		

Puzzle 57

5	8	7		2	4	9	3	1
6	9	3		5		4	2	7
1	2	4	7	9	3	6	5	8
7	5	9	3	8	2	1	4	6
2	6	1	4	7	9	5	8	3
	4	8		6		7		2
8	7	2	9		6	3	1	5
9	1	5	2	3				4
						2	7	9

Puzzle 58

4		6	7			3	8	9
7		9	8	3	4		5	6
8	3	5	6	9			4	7
1	4	3	9			7	6	5
2	6	8	1			9	3	4
5	9	7	4	6	3	8	1	2
	5	4	3			6	2	1
	8	2	5	1	9	4	7	3
3	7	1	2		6			8

Puzzle 59

5	2	9	4	1	7	6	3	8
6	4	3		8	9	5	1	7
8	7	1	5			4	2	
9	8	2	6	3	4	7	5	1
4	3	6	7		1	9		2
7	1	5		9	2	3	4	
2	5		1	7	6	8	9	3
3		8		5				
	9				8	2	6	5

Puzzle 60

7	2	1		3		4	8	9
		5	1		9			
9	3	6	8		4	1		
5	7	2	9	1	3		6	4
6	4		2	8	5	3	7	1
3	1	8	6		7	2	9	5
8	9		4	5			2	
2	6	4	7	9	8	5	1	3
	5	7	3	6	2	9	4	8

Puzzle 61

		1	5	3	9	8	7	
7				6	2	9	3	4
3		9	7	8	4	5	1	
9	3	2	8	5	1	6	4	7
			2	7	3	1	9	
1		7	4	9	6		2	
2	9	4	6	1	5	7	8	3
5	7	3	9		8	2	6	
8	1	6	3	2	7	4	5	9

Puzzle 62

4	3	5	8	1	9	6	2	7
7	1	6	2	4	5	3	8	9
	8	2	6	7	3	4	1	5
2	5	8		6	1	9	7	
3	4	7					6	1
1	6	9	7	3	8	5	4	2
	9	3	1	2		7	5	
	7	1	3			2	9	
	2	4			7	1	3	6

Puzzle 63

9			5	8	4		1	3
	5		3	2		6	9	
		2	1	9		7	4	5
4	7		9	6	1	5	3	
5	9	6	8	3	2	4		1
2		3	4	7	5	8	6	9
7	4	5	2	1	3	9	8	6
	3	9	7	5	8		2	4
8		1	6	4	9	3	5	7

Puzzle 64

2	1	9	3	6	8	7	5	4
	7	5	2	1	4	9		
		8	5	7	9	2		1
9	2	7	8	4	5	3	1	6
1	5	3	9	2	6	4		
8	6	4	1	3	7	5	9	2
	9	1	7	8	2	6		5
5		2	6	9	1	8		
7	8	6	4	5				

Puzzle 65

1	5		6	2		8		
7	4	3	9	8	5	6	1	2
2	6	8	7		1	5		
	1	6	8	7				5
	8	2	1	5	9	7	6	
5	9	7	2		6			8
9	2	5	3		7	4	8	1
8	7	1	4	9	2	3	5	6
6	3	4	5	1	8			

Puzzle 66

	8	2		6	1			7
1	4	7	8	2	3	9		6
3			9		7	8	2	1
8	7	1	2		6	4	9	5
2	3	9	4		5	6		8
	6		1	9	8	2		3
6	2	3	7	1	4	5	8	9
7	9	8				1		
4	1	5	6	8	9	7	3	2

Puzzle 67

5			2	7	6	1	8	3
3	7	1	8	4	5	2	9	6
2	8	6	9	3	1	4		
6		7	1		2	3	4	
1			7			6		
8			5	6		7	1	
4	3	8	6	1	9	5		
9	1	2	3	5	7	8	6	4
7	6	5	4	2	8	9	3	1

Puzzle 68

2				5	4	6	9	
6				3	2		5	
8		5		6	7		3	2
5			2	1	9	7	6	4
9	2	7	6	4	8	5	1	3
4	1	6	3	7	5			9
7	6	4	5	9	3			
1			7	2	6	3	4	5
3	5	2	4	8	1	9	7	6

Puzzle 69

	4	6		1	8	5	2	7
5	2	1		7		6	8	
	7	8	6	2	5	4	1	
6	3	9	8	4	1	7	5	2
7	1	2	5	9	6	8	3	4
4	8	5	7	3	2	1	9	6
8	5			6	3			1
1	6	3		8				5
2	9		1	5		3	6	8

Puzzle 70

3	7				1	8		
9				7	3	2		1
1		2		5	9	3	7	6
5	2		7	8	6	9	1	3
6	3	9	1	4		7	8	
7	1	8	3	9		4	6	
8	6	1	2	3	7	5		
	5	7	9	6	4	1	3	8
4	9	3	5	1	8	6	2	7

Puzzle 71

9	4	3	2	8	6	5	7	1
7	8	5	3	1	4	9	2	6
1			9	7	5		4	8
	7	8	5			2	1	9
3	9		8			7	6	5
		1	7		9		3	4
	5	7		9	2		8	3
8	3			5	7		9	2
2	1	9	6	3	8	4	5	7

Puzzle 72

8	7		2		1	4	5	
9	6	1	7	4	5	3		8
	2	4	8	3				
3	1		4	8		5	6	2
2	4	5		1		8	3	7
6	8		3	5	2		4	1
4	5	2	1	7	8	6	9	3
1	9	6	5	2	3	7	8	4
7	3	8			4	2	1	5

Puzzle 73

	7	4	6	9	8			
5	2	6	1	7		8	9	
8		9	3	5	2		4	
4	3	8	2		5	6	7	9
1	6	2	9	4	7	3		
9	5							4
2	8	5	4		1		6	7
6	4		7	2	9	1	8	5
7	9	1	5	8	6	4	3	2

Puzzle 74

1	6		9	3	8			
5	8		2		6	3	1	9
	3	9	1		5		8	6
4	2	1	7	9	3	8	6	5
3	7	6	8	5	4		9	
8	9	5		2	1		3	
6	5	3	4	8	7	9	2	1
	1		3	6	9			8
9	4	8	5		2	6	7	3

Puzzle 75

1	2			7		3	4	5
9				3	2	8	1	
4		3	5		8	2	9	
	1		8	5	7	4	3	9
5	4	7		9		6	8	2
3	8	9		2	4	7	5	1
7	9	6		8		5	2	4
8	5	4	2	6	9	1	7	3
2	3		7	4	5	9	6	8

Puzzle 76

	2	1	5	7	6	3	8	
9	3	7	8	2	1	4	6	5
6	8	5		4	3	2	7	
2		8	3	6	5	7	9	4
	5			1	4	6	2	8
7	6	4		8		5		3
1				3	8			6
			6	5	2	1	4	7
5	4	6	1	9	7	8	3	2

Puzzle 77

9		8	1	3	4		5	6
3		4	5			8	1	
	1	5		8	9	2		4
1	5		2	7	8	9	4	3
2	8	9	3	4	1		6	7
	4	3	6	9	5	1	2	8
4			9	5			8	1
5	9		8	6	3	4	7	2
8	6	2	4	1	7	3	9	5

Puzzle 78

5	4		9		6	8	2	1
8	6	3	4	2	1	5	7	9
1	2	9	5	7		6	3	4
9		6	3	1	4	2		
3	1	5	8	6	2	9	4	7
	8		7	5	9			
6	9		2	4			1	5
	5		1	9			8	6
	3	1	6	8	5		9	2

Puzzle 79

3	9	7	2	8	4	5	1	6
5	8	2	6	7	1		3	
1	6	4	9	3	5	7	2	8
8	1	6	5	4	2	3		
7	5		8	1	3		6	
4	2	3		6	9	1	8	5
6		8		5	7			
2		5		9	8	6		
9	7	1	4	2	6	8	5	3

Puzzle 80

9	8	3	4	6	7	2	1	5
2			8	9	5	3	6	7
7	6	5	3	2	1	8	9	4
8	9				3	6		
5			1		6	9		
6					9	7		
4	5	8	6	3	2	1	7	9
1	7	6	9	5	8	4	2	3
3	2	9	7	1	4	5	8	6

Puzzle 81

	6	4		5	3	1		
5	3	1	2	4	8	6	9	7
9	2	8	1			3	5	4
4	7	3	8	1	9	5	6	2
		6		2		9		3
2	5	9	3			8		
6	4	5	7	8		2	3	
3	8	7	6	9	2	4	1	5
1	9	2	4	3	5	7	8	6

Puzzle 82

6	4	7	5	2	9		8	3
	9	3	4	1	7	5	6	2
		5		6	3	7	9	
3		9	7	4	1	2	5	8
	7			8	5	9		6
		8		9	6	4		7
			6	3	2	8	7	9
9		6	1	7		3		5
7	3	2	9	5	8	6	4	1

Puzzle 83

8	1		9		7	4	5	3
4	9		5			2	7	6
		7	3	4	2		9	1
2	6	5	4		3	9		7
1				5	8	6	2	
	4	8	2	9	6		3	5
3		4	6	7	9	5	1	
9		6	1	3	5	7	4	
5	7	1	8	2	4	3	6	9

Puzzle 84

7	6	5	9		1	2	3	8
	2		3		7	9	4	6
9	4	3		8	6	7	5	
	7		6		5	3		9
	5		7	9	3	6		4
3	9			2	8	5	1	7
6	1	7	8	3	2	4	9	5
	8	4	5	7	9	1	6	
5	3	9	1				7	2

Puzzle 85

6	5		2	4			1	3
	1			3	5	2		
2	4			1		5		
1	6	5	7	9	2	4	3	8
3		4	5	8	1	6	7	
8	7	2	4	6	3	1	9	5
	8		1	2	6	3	5	4
	2	1	3	7	4			
4	3	6	9	5	8	7	2	1

Puzzle 86

	2		5	1	9	8	6	7
7	6	8	3	4	2	1	5	9
9	5	1	7	6	8	2	4	3
6	1		8	2				
8	4			5				2
5	3	2		7				8
2	9	6	4	3	5	7	8	1
	8		1	9	7	5	2	6
1	7	5		8	6	9	3	4

Puzzle 87

	2	4	7	8	3	1	9	
1	7	9	5	6	2	8	3	
	3	8	1	4	9		7	2
9			4	1		3	2	7
2			3			9	4	
3		7	2	9			1	8
7	5		6	3	4	2	8	9
	6	3	9	2	7	4	5	1
	9	2	8	5		7	6	3

Puzzle 88

	1	2	6		3		4	5
6	4	9	2	8	5	3	1	7
3	7	5	9		1	6	8	2
5	8	6	4			7	9	1
4	9	3						6
1	2	7	5			8	3	4
	3		7	5	8	1	6	9
9	5	1	3	2	6	4	7	8
7	6			9				3

Puzzle 89

1	8	6	5	9	2	3	4	7
7	5	2	4		3	1	9	8
9	4	3	1	8	7	5	6	
3	1	7	6	2	9	8	5	4
8		4	7		5			6
6		5	8		4			
5	6	1		7	8	4	2	3
2	7	9		4		6	8	5
4	3	8	2	5	6			

Puzzle 90

4	8	1	6	3	5	7	2	9
3		9	2		8	1		5
	5	2	1		9	3		8
9	3	5	8	6	4	2	1	7
1	2	7	5	9	3	4	8	6
8			7	1	2			3
5	9	8	4	2	7	6	3	1
2		3	9	5		8	7	4
			3	8				2

Puzzle 91

3	2		1	8	9	6	7	
9	7				5	6	1	3	2
	1				7	2	9		
8				2	3	5	1	9
	9	3	5		4	7	2	8
2	5	7	8		1	3	4	6
5	3	2	6	1	8	4	9	7
4	6	9			7	8	5	1
7	8	1	9	4	5	2	6	3

Puzzle 92

	1	4	8		5	9	2	3
	7		2	9	4	1		
	2	9	1	6	3		7	
1	9	7	3	4	8			
4	3	5	6	2		8		
2	6	8	9	5	1	7	3	4
3	5	1	7	8	9			
7	8	6	4	3	2	5	1	9
9	4	2	5	1	6	3	8	

Puzzle 93

4			7	2	1	3	8	6
6		2	3			5	1	4
1		3		5	6	7	9	2
5	6	9	1	7	8	4		3
						9		1
2	1		9		3	8		5
3	2	1	8	9	4	6	5	7
9	4	6	5		7	2	3	8
7	5	8			2	1	4	9

Puzzle 94

3	7	5	1	8	6			2
1	9	8	7	2		3	6	5
2		4	5	3		1		8
	1	9	2	7	3			4
	3	7	8	4	1	6	2	9
8	4	2		9	5	7	3	1
9			4	6			1	7
		1	3	5	7		9	6
7		6	9	1		4		3

Puzzle 95

4			2		3	6	1	9
	6	2	9	8	1		7	5
1			6		4	8	3	
2			7			3	5	1
7	3	6		2	5	9	4	8
5	4	1	8	3	9	7	2	6
8	1	3	4	9	2	5	6	7
9	2	5	3	6	7	1	8	4
6	7	4	5	1	8			

Puzzle 96

8	1	6	5		9	2	4	3
3	9	5	4	2	1	7	8	6
4	7	2				1		5
2	3	7		4				9
6	5	1	9		7			4
9	4	8						7
7	6	4				9	3	1
5	2	9	3		4	6	7	8
1	8	3	7	9	6	4	5	2

Puzzle 97

	6	3	5	9	4	8	2	1
2	8	1	6	7	3	4	9	5
5	4	9	8	1	2	7	6	3
3	7	6	4	8	5	9	1	2
8	9	5	1	2	7	6	3	4
4	1	2	9	3	6	5	8	7
	2			5				
1				6	8			9
	3			4				

Puzzle 98

1		7	5			6	3	4
	3		7			2	5	1
5	6	2		4	3	8	7	9
2	4	1		3		7	6	
9	7	3	6	1			2	
6	5	8	2	7	4	1	9	3
7		5	8	9	1	3	4	6
			3			5	1	7
3	1	6	4	5	7	9	8	2

Puzzle 99

	5	6	4	8	1	2	9	7
2	7		5	3	9	1		6
4	9			2	6	8	5	3
		5	6	4	8	9	2	1
6	1	2	3		5			4
9		4	1		2	3		5
8	4	3	9		7		1	2
	2	7	8		4		3	9
	6	9	2		3	4	7	8

Puzzle 100

7		9	4	8	2	5	1	3
5			3	7	9		2	6
8		3		1	5		4	9
9	8	5	2		6		7	1
			5		8			2
	4	2	7	9	1		5	8
	3	8	9	5	4	1	6	7
1		6	8	2	7	9	3	4
4	9	7	1	6	3	2	8	5

Solutions

Puzzle 1

3	6	4	2	7	8	1	5	9
5	1	7	4	9	3	6	2	8
2	9	8	6	1	5	4	7	3
9	7	3	8	2	6	5	1	4
1	2	5	7	4	9	3	8	6
4	8	6	3	5	1	7	9	2
7	4	9	5	3	2	8	6	1
6	3	1	9	8	7	2	4	5
8	5	2	1	6	4	9	3	7

Puzzle 2

2	1	6	5	8	4	7	3	9
3	4	8	9	7	2	6	1	5
7	5	9	1	6	3	8	4	2
8	2	5	7	9	1	4	6	3
9	3	7	2	4	6	1	5	8
4	6	1	8	3	5	9	2	7
1	9	2	6	5	8	3	7	4
6	7	4	3	2	9	5	8	1
5	8	3	4	1	7	2	9	6

Puzzle 3

1	6	5	7	8	4	9	2	3
9	8	7	2	5	3	1	4	6
3	2	4	1	9	6	8	5	7
4	5	3	6	2	9	7	8	1
7	1	6	8	4	5	3	9	2
2	9	8	3	7	1	4	6	5
5	7	1	4	6	8	2	3	9
8	3	9	5	1	2	6	7	4
6	4	2	9	3	7	5	1	8

Puzzle 4

4	2	6	5	3	1	9	7	8
8	5	7	9	6	4	2	3	1
3	1	9	8	2	7	4	5	6
2	3	4	1	5	9	6	8	7
7	9	8	6	4	3	5	1	2
5	6	1	7	8	2	3	4	9
9	8	5	3	1	6	7	2	4
6	4	3	2	7	8	1	9	5
1	7	2	4	9	5	8	6	3

Puzzle 5

8	9	4	5	6	2	3	7	1
7	1	5	3	8	9	4	2	6
2	6	3	7	4	1	9	8	5
1	2	6	9	3	4	8	5	7
4	7	8	2	5	6	1	3	9
5	3	9	8	1	7	6	4	2
6	5	1	4	2	8	7	9	3
9	4	2	1	7	3	5	6	8
3	8	7	6	9	5	2	1	4

Puzzle 6

6	3	8	7	4	9	1	2	5
4	5	1	3	2	6	9	8	7
9	2	7	5	8	1	6	4	3
8	6	5	2	3	7	4	1	9
3	1	4	6	9	8	7	5	2
2	7	9	4	1	5	3	6	8
5	9	6	1	7	2	8	3	4
1	8	3	9	5	4	2	7	6
7	4	2	8	6	3	5	9	1

Puzzle 7

1	9	6	3	4	8	2	7	5
5	3	8	6	2	7	1	9	4
2	4	7	1	5	9	6	3	8
7	6	4	5	9	2	3	8	1
3	5	2	8	1	4	9	6	7
8	1	9	7	3	6	5	4	2
4	7	1	2	6	3	8	5	9
9	2	3	4	8	5	7	1	6
6	8	5	9	7	1	4	2	3

Puzzle 8

7	2	5	9	6	8	3	1	4
3	4	6	7	5	1	8	9	2
8	9	1	3	4	2	5	6	7
5	1	9	4	3	6	2	7	8
4	7	8	1	2	5	6	3	9
2	6	3	8	9	7	4	5	1
1	5	7	6	8	4	9	2	3
9	8	2	5	1	3	7	4	6
6	3	4	2	7	9	1	8	5

Puzzle 9

6	3	2	1	8	7	4	9	5
1	5	9	6	3	4	7	8	2
4	8	7	9	5	2	1	6	3
5	4	1	2	6	3	8	7	9
9	2	8	5	7	1	3	4	6
7	6	3	8	4	9	2	5	1
2	7	5	4	1	6	9	3	8
3	9	6	7	2	8	5	1	4
8	1	4	3	9	5	6	2	7

Puzzle 10

2	1	6	3	7	4	5	8	9
8	3	5	9	2	6	1	4	7
7	9	4	8	1	5	6	2	3
4	5	1	2	8	7	9	3	6
9	2	8	6	3	1	7	5	4
3	6	7	5	4	9	2	1	8
5	4	3	7	9	2	8	6	1
6	8	9	1	5	3	4	7	2
1	7	2	4	6	8	3	9	5

Puzzle 11

8	5	9	1	7	6	4	3	2
2	1	6	4	3	5	9	8	7
7	3	4	8	2	9	1	5	6
3	2	7	9	5	4	8	6	1
9	6	5	2	1	8	7	4	3
4	8	1	7	6	3	5	2	9
6	7	2	5	8	1	3	9	4
5	9	3	6	4	7	2	1	8
1	4	8	3	9	2	6	7	5

Puzzle 12

3	6	1	8	7	9	5	4	2
4	8	5	6	2	1	7	3	9
2	9	7	3	4	5	1	6	8
6	3	2	5	9	7	4	8	1
5	1	8	4	6	3	2	9	7
9	7	4	2	1	8	6	5	3
7	4	6	9	3	2	8	1	5
8	2	9	1	5	4	3	7	6
1	5	3	7	8	6	9	2	4

Puzzle 13

7	2	9	1	4	8	5	6	3
4	3	6	5	9	2	1	8	7
8	5	1	7	3	6	4	9	2
1	8	2	4	5	9	7	3	6
9	6	3	8	7	1	2	4	5
5	4	7	6	2	3	8	1	9
6	7	8	3	1	5	9	2	4
3	9	5	2	8	4	6	7	1
2	1	4	9	6	7	3	5	8

Puzzle 14

2	4	5	6	8	9	7	3	1
7	8	9	1	3	2	5	4	6
3	1	6	5	7	4	2	9	8
6	3	1	9	5	7	4	8	2
8	5	7	2	4	6	3	1	9
9	2	4	8	1	3	6	7	5
5	6	3	7	9	8	1	2	4
1	7	8	4	2	5	9	6	3
4	9	2	3	6	1	8	5	7

Puzzle 15

8	6	4	3	5	1	7	2	9
3	7	2	9	6	4	1	8	5
5	9	1	2	7	8	6	4	3
9	2	7	6	8	5	3	1	4
1	8	3	4	9	2	5	6	7
4	5	6	7	1	3	2	9	8
2	4	5	1	3	9	8	7	6
7	1	8	5	4	6	9	3	2
6	3	9	8	2	7	4	5	1

Puzzle 16

6	5	2	7	4	9	8	1	3
3	7	9	5	8	1	2	4	6
4	1	8	2	3	6	9	7	5
9	6	1	4	5	8	3	2	7
8	3	7	9	1	2	6	5	4
2	4	5	6	7	3	1	9	8
7	2	3	8	9	5	4	6	1
5	8	6	1	2	4	7	3	9
1	9	4	3	6	7	5	8	2

Puzzle 17

4	6	5	8	1	9	3	2	7
7	2	1	4	3	5	9	6	8
9	8	3	7	6	2	5	1	4
6	3	4	1	2	8	7	5	9
2	1	9	3	5	7	4	8	6
5	7	8	6	9	4	2	3	1
1	4	2	5	7	6	8	9	3
8	9	6	2	4	3	1	7	5
3	5	7	9	8	1	6	4	2

Puzzle 18

9	7	5	6	2	4	1	8	3
1	4	6	9	3	8	2	5	7
2	3	8	7	5	1	9	4	6
5	2	3	1	4	7	8	6	9
7	8	4	2	6	9	3	1	5
6	1	9	5	8	3	7	2	4
4	9	7	8	1	5	6	3	2
8	5	2	3	9	6	4	7	1
3	6	1	4	7	2	5	9	8

Puzzle 19

3	2	1	7	9	6	8	4	5
9	4	8	2	5	3	7	1	6
5	6	7	1	4	8	9	2	3
6	1	3	9	8	5	2	7	4
8	9	2	3	7	4	5	6	1
7	5	4	6	1	2	3	8	9
1	8	5	4	3	7	6	9	2
2	3	9	8	6	1	4	5	7
4	7	6	5	2	9	1	3	8

Puzzle 20

7	2	5	8	6	9	1	4	3
8	4	1	5	7	3	2	9	6
3	6	9	4	1	2	5	8	7
2	1	7	3	5	8	4	6	9
6	5	3	1	9	4	7	2	8
9	8	4	6	2	7	3	5	1
4	9	6	2	3	1	8	7	5
1	7	2	9	8	5	6	3	4
5	3	8	7	4	6	9	1	2

Puzzle 21

3	7	1	4	8	6	5	9	2
4	6	5	2	9	1	7	3	8
2	8	9	5	3	7	6	1	4
6	9	8	3	2	4	1	7	5
1	3	2	7	5	8	4	6	9
7	5	4	1	6	9	8	2	3
8	1	3	9	7	5	2	4	6
5	2	7	6	4	3	9	8	1
9	4	6	8	1	2	3	5	7

Puzzle 22

9	1	4	2	7	6	8	3	5
6	7	3	5	8	4	1	9	2
5	8	2	9	1	3	6	7	4
7	4	5	8	6	9	2	1	3
2	3	9	4	5	1	7	6	8
1	6	8	3	2	7	5	4	9
4	5	1	6	9	8	3	2	7
8	9	7	1	3	2	4	5	6
3	2	6	7	4	5	9	8	1

Puzzle 23

9	3	2	1	6	4	5	7	8
1	5	7	8	3	9	2	6	4
6	8	4	7	5	2	1	9	3
2	7	8	6	1	3	9	4	5
3	9	5	4	8	7	6	2	1
4	1	6	2	9	5	3	8	7
7	4	3	5	2	6	8	1	9
8	6	9	3	4	1	7	5	2
5	2	1	9	7	8	4	3	6

Puzzle 24

4	5	8	3	7	6	2	1	9
3	1	6	4	9	2	7	5	8
7	2	9	5	8	1	3	4	6
5	7	2	1	6	8	9	3	4
8	9	1	2	4	3	5	6	7
6	4	3	9	5	7	1	8	2
9	3	7	8	1	4	6	2	5
2	8	5	6	3	9	4	7	1
1	6	4	7	2	5	8	9	3

Puzzle 25

9	8	7	5	3	4	1	6	2
2	5	3	8	6	1	7	9	4
1	4	6	9	2	7	8	3	5
6	3	5	1	4	2	9	7	8
4	7	2	3	8	9	5	1	6
8	1	9	6	7	5	2	4	3
3	9	4	2	1	8	6	5	7
7	2	1	4	5	6	3	8	9
5	6	8	7	9	3	4	2	1

Puzzle 26

4	2	1	9	6	3	7	5	8
6	3	9	7	5	8	1	4	2
7	5	8	1	4	2	3	9	6
5	6	7	8	3	1	9	2	4
9	4	2	6	7	5	8	1	3
8	1	3	4	2	9	5	6	7
3	8	6	5	9	4	2	7	1
2	9	4	3	1	7	6	8	5
1	7	5	2	8	6	4	3	9

Puzzle 27

2	1	5	3	6	9	4	7	8
6	3	7	2	8	4	9	5	1
4	8	9	7	5	1	6	2	3
5	9	1	4	2	6	3	8	7
7	6	2	8	9	3	1	4	5
8	4	3	5	1	7	2	9	6
1	2	8	9	3	5	7	6	4
3	5	4	6	7	2	8	1	9
9	7	6	1	4	8	5	3	2

Puzzle 28

1	8	3	7	4	6	9	5	2
4	9	2	1	3	5	6	7	8
6	7	5	8	2	9	1	4	3
7	1	6	5	8	2	3	9	4
9	2	8	4	1	3	7	6	5
5	3	4	6	9	7	8	2	1
8	6	1	2	7	4	5	3	9
3	4	7	9	5	8	2	1	6
2	5	9	3	6	1	4	8	7

Puzzle 29

6	9	7	3	4	5	2	8	1
5	2	3	1	9	8	4	7	6
8	4	1	6	2	7	3	9	5
4	7	5	2	8	6	9	1	3
3	1	8	4	5	9	6	2	7
9	6	2	7	3	1	5	4	8
1	3	9	5	7	4	8	6	2
7	5	4	8	6	2	1	3	9
2	8	6	9	1	3	7	5	4

Puzzle 30

7	4	5	2	8	9	1	6	3
1	2	6	4	3	7	8	5	9
3	8	9	6	1	5	7	4	2
6	5	4	8	9	1	3	2	7
8	3	1	7	6	2	4	9	5
2	9	7	5	4	3	6	1	8
9	1	8	3	5	6	2	7	4
4	6	2	9	7	8	5	3	1
5	7	3	1	2	4	9	8	6

Puzzle 31

9	3	1	8	4	5	7	2	6
6	5	2	7	3	9	4	8	1
7	8	4	2	1	6	5	9	3
8	9	3	4	6	7	2	1	5
1	7	5	3	9	2	8	6	4
4	2	6	5	8	1	3	7	9
2	6	7	1	5	3	9	4	8
5	4	9	6	7	8	1	3	2
3	1	8	9	2	4	6	5	7

Puzzle 32

8	5	1	6	3	2	4	7	9
3	4	6	7	9	5	8	1	2
2	7	9	1	4	8	6	5	3
5	9	2	8	6	3	1	4	7
1	3	4	9	5	7	2	6	8
6	8	7	2	1	4	3	9	5
4	6	3	5	2	9	7	8	1
7	2	5	4	8	1	9	3	6
9	1	8	3	7	6	5	2	4

Puzzle 33

9	8	4	1	7	6	5	3	2
7	3	1	4	5	2	9	6	8
5	6	2	3	8	9	4	1	7
4	1	8	2	6	3	7	5	9
3	5	7	8	9	1	6	2	4
6	2	9	7	4	5	1	8	3
8	4	3	5	1	7	2	9	6
2	9	5	6	3	4	8	7	1
1	7	6	9	2	8	3	4	5

Puzzle 34

1	4	5	9	7	6	3	8	2
9	6	8	3	2	4	7	1	5
2	7	3	1	5	8	6	9	4
3	1	4	5	8	9	2	7	6
7	5	6	4	1	2	8	3	9
8	2	9	7	6	3	4	5	1
5	8	1	6	4	7	9	2	3
4	9	2	8	3	1	5	6	7
6	3	7	2	9	5	1	4	8

Puzzle 35

1	8	4	9	2	3	6	7	5
3	5	7	4	8	6	1	2	9
9	2	6	1	5	7	8	3	4
6	7	3	8	9	2	4	5	1
8	1	9	5	7	4	3	6	2
2	4	5	3	6	1	7	9	8
4	9	2	7	3	8	5	1	6
7	6	1	2	4	5	9	8	3
5	3	8	6	1	9	2	4	7

Puzzle 36

7	3	4	2	5	8	1	6	9
1	9	8	4	6	7	2	5	3
2	5	6	9	3	1	7	8	4
4	2	5	8	7	3	6	9	1
8	6	9	1	2	5	3	4	7
3	1	7	6	4	9	5	2	8
6	7	2	3	8	4	9	1	5
5	4	1	7	9	6	8	3	2
9	8	3	5	1	2	4	7	6

Puzzle 37

4	5	3	2	9	6	7	1	8
9	7	2	8	1	3	5	6	4
8	1	6	5	7	4	3	9	2
1	3	7	4	2	8	9	5	6
5	8	9	3	6	1	2	4	7
2	6	4	9	5	7	1	8	3
3	2	8	1	4	5	6	7	9
7	4	1	6	3	9	8	2	5
6	9	5	7	8	2	4	3	1

Puzzle 38

3	2	6	7	8	1	9	5	4
8	5	1	4	2	9	3	7	6
9	4	7	5	6	3	2	8	1
2	9	3	1	5	8	4	6	7
4	6	8	3	7	2	5	1	9
7	1	5	6	9	4	8	2	3
1	8	9	2	3	7	6	4	5
5	3	4	8	1	6	7	9	2
6	7	2	9	4	5	1	3	8

Puzzle 39

4	3	5	8	1	6	7	9	2
1	6	2	5	9	7	4	3	8
8	9	7	2	3	4	5	1	6
6	7	3	4	2	1	9	8	5
9	1	4	7	5	8	2	6	3
2	5	8	9	6	3	1	4	7
5	4	6	1	8	2	3	7	9
3	2	1	6	7	9	8	5	4
7	8	9	3	4	5	6	2	1

Puzzle 40

3	9	6	7	4	8	5	1	2
8	2	1	6	3	5	4	9	7
5	7	4	1	2	9	6	8	3
2	4	9	8	7	3	1	6	5
1	3	8	5	6	4	7	2	9
7	6	5	9	1	2	8	3	4
4	1	2	3	5	6	9	7	8
6	8	3	4	9	7	2	5	1
9	5	7	2	8	1	3	4	6

Puzzle 41

9	8	1	2	6	4	3	5	7
5	7	6	3	8	1	4	9	2
4	2	3	7	9	5	8	6	1
6	3	9	4	1	7	5	2	8
8	5	7	6	2	9	1	3	4
1	4	2	5	3	8	9	7	6
2	1	8	9	7	3	6	4	5
3	6	4	8	5	2	7	1	9
7	9	5	1	4	6	2	8	3

Puzzle 42

4	9	7	8	6	5	2	3	1
3	2	1	4	7	9	5	8	6
6	8	5	3	2	1	7	9	4
2	4	8	9	3	6	1	7	5
5	3	6	7	1	8	9	4	2
1	7	9	2	5	4	3	6	8
7	6	3	1	4	2	8	5	9
9	5	2	6	8	7	4	1	3
8	1	4	5	9	3	6	2	7

Puzzle 43

5	6	1	4	7	3	9	2	8
2	7	3	9	5	8	1	6	4
8	4	9	2	6	1	7	5	3
3	2	8	1	9	6	5	4	7
9	1	7	5	8	4	6	3	2
6	5	4	3	2	7	8	1	9
1	9	5	8	3	2	4	7	6
4	3	6	7	1	9	2	8	5
7	8	2	6	4	5	3	9	1

Puzzle 44

3	4	1	2	7	6	5	8	9
7	6	5	9	1	8	3	2	4
8	9	2	3	5	4	1	6	7
5	3	4	1	2	7	8	9	6
1	8	7	6	9	3	2	4	5
9	2	6	4	8	5	7	1	3
4	7	9	8	3	1	6	5	2
6	1	3	5	4	2	9	7	8
2	5	8	7	6	9	4	3	1

Puzzle 45

9	7	6	8	5	4	3	1	2
4	2	5	3	7	1	9	8	6
8	3	1	6	2	9	5	4	7
7	6	8	4	3	5	2	9	1
5	9	3	1	6	2	4	7	8
2	1	4	7	9	8	6	5	3
1	4	2	5	8	6	7	3	9
3	5	9	2	1	7	8	6	4
6	8	7	9	4	3	1	2	5

Puzzle 46

5	6	4	1	8	9	2	7	3
7	8	3	6	5	2	4	1	9
9	1	2	7	3	4	6	5	8
6	5	1	4	7	3	9	8	2
4	3	9	5	2	8	7	6	1
2	7	8	9	1	6	3	4	5
1	9	5	3	6	7	8	2	4
3	2	6	8	4	5	1	9	7
8	4	7	2	9	1	5	3	6

Puzzle 47

7	1	3	4	6	5	9	8	2
6	4	5	2	8	9	3	1	7
9	8	2	7	1	3	4	5	6
8	3	7	1	5	6	2	9	4
1	2	6	9	4	7	5	3	8
5	9	4	8	3	2	6	7	1
2	6	9	3	7	1	8	4	5
3	7	8	5	2	4	1	6	9
4	5	1	6	9	8	7	2	3

Puzzle 48

2	4	8	6	3	5	9	7	1
3	7	6	1	9	4	2	8	5
5	1	9	2	8	7	4	3	6
9	2	4	7	1	8	6	5	3
1	8	3	5	4	6	7	9	2
6	5	7	9	2	3	8	1	4
7	3	5	4	6	9	1	2	8
8	6	1	3	7	2	5	4	9
4	9	2	8	5	1	3	6	7

Puzzle 49

7	1	2	9	3	4	5	6	8
9	5	4	6	8	2	3	7	1
3	8	6	5	1	7	2	9	4
2	7	9	1	6	8	4	3	5
8	6	3	4	9	5	7	1	2
1	4	5	7	2	3	6	8	9
6	3	8	2	4	9	1	5	7
4	9	7	3	5	1	8	2	6
5	2	1	8	7	6	9	4	3

Puzzle 50

6	2	5	3	1	9	8	4	7
8	7	9	2	6	4	5	3	1
4	3	1	8	7	5	9	2	6
3	8	2	9	5	1	7	6	4
5	1	6	4	2	7	3	8	9
7	9	4	6	3	8	2	1	5
9	6	8	5	4	3	1	7	2
2	5	7	1	8	6	4	9	3
1	4	3	7	9	2	6	5	8

Puzzle 51

3	7	2	4	5	1	9	8	6
8	4	5	3	9	6	2	7	1
1	6	9	8	2	7	4	3	5
2	8	1	9	7	3	5	6	4
4	9	7	6	8	5	1	2	3
6	5	3	2	1	4	8	9	7
7	2	6	1	4	8	3	5	9
9	3	4	5	6	2	7	1	8
5	1	8	7	3	9	6	4	2

Puzzle 52

1	2	9	5	4	3	6	7	8
3	7	4	6	9	8	1	2	5
5	6	8	1	2	7	3	9	4
9	5	2	7	8	6	4	1	3
4	1	3	2	5	9	7	8	6
7	8	6	4	3	1	2	5	9
2	9	5	3	7	4	8	6	1
8	3	1	9	6	2	5	4	7
6	4	7	8	1	5	9	3	2

Puzzle 53

7	1	6	5	2	8	4	9	3
2	3	4	9	6	1	8	7	5
9	8	5	4	7	3	6	1	2
5	7	8	6	3	9	1	2	4
1	2	9	8	4	7	3	5	6
4	6	3	1	5	2	7	8	9
8	4	1	3	9	5	2	6	7
6	9	7	2	8	4	5	3	1
3	5	2	7	1	6	9	4	8

Puzzle 54

2	5	1	4	8	3	9	7	6
7	8	3	5	6	9	2	4	1
6	9	4	2	1	7	8	5	3
5	6	8	7	4	1	3	9	2
1	4	9	3	2	6	7	8	5
3	2	7	9	5	8	1	6	4
8	3	6	1	7	4	5	2	9
4	1	2	8	9	5	6	3	7
9	7	5	6	3	2	4	1	8

Puzzle 55

7	5	3	8	1	2	6	9	4
4	1	8	5	9	6	7	2	3
2	6	9	7	3	4	1	8	5
1	4	2	3	6	9	5	7	8
9	8	6	1	5	7	4	3	2
5	3	7	2	4	8	9	1	6
8	9	5	4	2	1	3	6	7
6	2	4	9	7	3	8	5	1
3	7	1	6	8	5	2	4	9

Puzzle 56

4	8	7	6	9	5	1	2	3
5	2	6	8	3	1	4	9	7
1	3	9	4	2	7	5	6	8
6	9	3	7	1	8	2	4	5
2	7	4	3	5	9	8	1	6
8	1	5	2	6	4	3	7	9
7	4	1	5	8	6	9	3	2
9	5	2	1	7	3	6	8	4
3	6	8	9	4	2	7	5	1

Puzzle 57

5	8	7	6	2	4	9	3	1
6	9	3	1	5	8	4	2	7
1	2	4	7	9	3	6	5	8
7	5	9	3	8	2	1	4	6
2	6	1	4	7	9	5	8	3
3	4	8	5	6	1	7	9	2
8	7	2	9	4	6	3	1	5
9	1	5	2	3	7	8	6	4
4	3	6	8	1	5	2	7	9

Puzzle 58

4	1	6	7	2	5	3	8	9
7	2	9	8	3	4	1	5	6
8	3	5	6	9	1	2	4	7
1	4	3	9	8	2	7	6	5
2	6	8	1	5	7	9	3	4
5	9	7	4	6	3	8	1	2
9	5	4	3	7	8	6	2	1
6	8	2	5	1	9	4	7	3
3	7	1	2	4	6	5	9	8

Puzzle 59

5	2	9	4	1	7	6	3	8
6	4	3	2	8	9	5	1	7
8	7	1	5	6	3	4	2	9
9	8	2	6	3	4	7	5	1
4	3	6	7	5	1	9	8	2
7	1	5	8	9	2	3	4	6
2	5	4	1	7	6	8	9	3
3	6	8	9	2	5	1	7	4
1	9	7	3	4	8	2	6	5

Puzzle 60

7	2	1	5	3	6	4	8	9
4	8	5	1	2	9	6	3	7
9	3	6	8	7	4	1	5	2
5	7	2	9	1	3	8	6	4
6	4	9	2	8	5	3	7	1
3	1	8	6	4	7	2	9	5
8	9	3	4	5	1	7	2	6
2	6	4	7	9	8	5	1	3
1	5	7	3	6	2	9	4	8

Puzzle 61

4	2	1	5	3	9	8	7	6
7	5	8	1	6	2	9	3	4
3	6	9	7	8	4	5	1	2
9	3	2	8	5	1	6	4	7
6	4	5	2	7	3	1	9	8
1	8	7	4	9	6	3	2	5
2	9	4	6	1	5	7	8	3
5	7	3	9	4	8	2	6	1
8	1	6	3	2	7	4	5	9

Puzzle 62

4	3	5	8	1	9	6	2	7
7	1	6	2	4	5	3	8	9
9	8	2	6	7	3	4	1	5
2	5	8	4	6	1	9	7	3
3	4	7	5	9	2	8	6	1
1	6	9	7	3	8	5	4	2
6	9	3	1	2	4	7	5	8
5	7	1	3	8	6	2	9	4
8	2	4	9	5	7	1	3	6

Puzzle 63

9	6	7	5	8	4	2	1	3
1	5	4	3	2	7	6	9	8
3	8	2	1	9	6	7	4	5
4	7	8	9	6	1	5	3	2
5	9	6	8	3	2	4	7	1
2	1	3	4	7	5	8	6	9
7	4	5	2	1	3	9	8	6
6	3	9	7	5	8	1	2	4
8	2	1	6	4	9	3	5	7

Puzzle 64

2	1	9	3	6	8	7	5	4
6	7	5	2	1	4	9	3	8
4	3	8	5	7	9	2	6	1
9	2	7	8	4	5	3	1	6
1	5	3	9	2	6	4	8	7
8	6	4	1	3	7	5	9	2
3	9	1	7	8	2	6	4	5
5	4	2	6	9	1	8	7	3
7	8	6	4	5	3	1	2	9

Puzzle 65

1	5	9	6	2	3	8	7	4
7	4	3	9	8	5	6	1	2
2	6	8	7	4	1	5	3	9
3	1	6	8	7	4	2	9	5
4	8	2	1	5	9	7	6	3
5	9	7	2	3	6	1	4	8
9	2	5	3	6	7	4	8	1
8	7	1	4	9	2	3	5	6
6	3	4	5	1	8	9	2	7

Puzzle 66

9	8	2	5	6	1	3	4	7
1	4	7	8	2	3	9	5	6
3	5	6	9	4	7	8	2	1
8	7	1	2	3	6	4	9	5
2	3	9	4	7	5	6	1	8
5	6	4	1	9	8	2	7	3
6	2	3	7	1	4	5	8	9
7	9	8	3	5	2	1	6	4
4	1	5	6	8	9	7	3	2

Puzzle 67

5	4	9	2	7	6	1	8	3
3	7	1	8	4	5	2	9	6
2	8	6	9	3	1	4	5	7
6	5	7	1	9	2	3	4	8
1	9	3	7	8	4	6	2	5
8	2	4	5	6	3	7	1	9
4	3	8	6	1	9	5	7	2
9	1	2	3	5	7	8	6	4
7	6	5	4	2	8	9	3	1

Puzzle 68

2	3	1	8	5	4	6	9	7
6	7	9	1	3	2	4	5	8
8	4	5	9	6	7	1	3	2
5	8	3	2	1	9	7	6	4
9	2	7	6	4	8	5	1	3
4	1	6	3	7	5	2	8	9
7	6	4	5	9	3	8	2	1
1	9	8	7	2	6	3	4	5
3	5	2	4	8	1	9	7	6

Puzzle 69

3	4	6	9	1	8	5	2	7
5	2	1	3	7	4	6	8	9
9	7	8	6	2	5	4	1	3
6	3	9	8	4	1	7	5	2
7	1	2	5	9	6	8	3	4
4	8	5	7	3	2	1	9	6
8	5	7	2	6	3	9	4	1
1	6	3	4	8	9	2	7	5
2	9	4	1	5	7	3	6	8

Puzzle 70

3	7	5	6	2	1	8	4	9
9	4	6	8	7	3	2	5	1
1	8	2	4	5	9	3	7	6
5	2	4	7	8	6	9	1	3
6	3	9	1	4	2	7	8	5
7	1	8	3	9	5	4	6	2
8	6	1	2	3	7	5	9	4
2	5	7	9	6	4	1	3	8
4	9	3	5	1	8	6	2	7

Puzzle 71

9	4	3	2	8	6	5	7	1
7	8	5	3	1	4	9	2	6
1	2	6	9	7	5	3	4	8
4	7	8	5	6	3	2	1	9
3	9	2	8	4	1	7	6	5
5	6	1	7	2	9	8	3	4
6	5	7	4	9	2	1	8	3
8	3	4	1	5	7	6	9	2
2	1	9	6	3	8	4	5	7

Puzzle 72

8	7	3	2	6	1	4	5	9
9	6	1	7	4	5	3	2	8
5	2	4	8	3	9	1	7	6
3	1	9	4	8	7	5	6	2
2	4	5	9	1	6	8	3	7
6	8	7	3	5	2	9	4	1
4	5	2	1	7	8	6	9	3
1	9	6	5	2	3	7	8	4
7	3	8	6	9	4	2	1	5

Puzzle 73

3	7	4	6	9	8	5	2	1
5	2	6	1	7	4	8	9	3
8	1	9	3	5	2	7	4	6
4	3	8	2	1	5	6	7	9
1	6	2	9	4	7	3	5	8
9	5	7	8	6	3	2	1	4
2	8	5	4	3	1	9	6	7
6	4	3	7	2	9	1	8	5
7	9	1	5	8	6	4	3	2

Puzzle 74

1	6	2	9	3	8	5	4	7
5	8	4	2	7	6	3	1	9
7	3	9	1	4	5	2	8	6
4	2	1	7	9	3	8	6	5
3	7	6	8	5	4	1	9	2
8	9	5	6	2	1	7	3	4
6	5	3	4	8	7	9	2	1
2	1	7	3	6	9	4	5	8
9	4	8	5	1	2	6	7	3

Puzzle 75

1	2	8	9	7	6	3	4	5
9	6	5	4	3	2	8	1	7
4	7	3	5	1	8	2	9	6
6	1	2	8	5	7	4	3	9
5	4	7	1	9	3	6	8	2
3	8	9	6	2	4	7	5	1
7	9	6	3	8	1	5	2	4
8	5	4	2	6	9	1	7	3
2	3	1	7	4	5	9	6	8

Puzzle 76

4	2	1	5	7	6	3	8	9
9	3	7	8	2	1	4	6	5
6	8	5	9	4	3	2	7	1
2	1	8	3	6	5	7	9	4
3	5	9	7	1	4	6	2	8
7	6	4	2	8	9	5	1	3
1	7	2	4	3	8	9	5	6
8	9	3	6	5	2	1	4	7
5	4	6	1	9	7	8	3	2

Puzzle 77

9	2	8	1	3	4	7	5	6
3	7	4	5	2	6	8	1	9
6	1	5	7	8	9	2	3	4
1	5	6	2	7	8	9	4	3
2	8	9	3	4	1	5	6	7
7	4	3	6	9	5	1	2	8
4	3	7	9	5	2	6	8	1
5	9	1	8	6	3	4	7	2
8	6	2	4	1	7	3	9	5

Puzzle 78

5	4	7	9	3	6	8	2	1
8	6	3	4	2	1	5	7	9
1	2	9	5	7	8	6	3	4
9	7	6	3	1	4	2	5	8
3	1	5	8	6	2	9	4	7
2	8	4	7	5	9	1	6	3
6	9	8	2	4	3	7	1	5
4	5	2	1	9	7	3	8	6
7	3	1	6	8	5	4	9	2

Puzzle 79

3	9	7	2	8	4	5	1	6
5	8	2	6	7	1	4	3	9
1	6	4	9	3	5	7	2	8
8	1	6	5	4	2	3	9	7
7	5	9	8	1	3	2	6	4
4	2	3	7	6	9	1	8	5
6	3	8	1	5	7	9	4	2
2	4	5	3	9	8	6	7	1
9	7	1	4	2	6	8	5	3

Puzzle 80

9	8	3	4	6	7	2	1	5
2	1	4	8	9	5	3	6	7
7	6	5	3	2	1	8	9	4
8	9	7	2	4	3	6	5	1
5	3	2	1	7	6	9	4	8
6	4	1	5	8	9	7	3	2
4	5	8	6	3	2	1	7	9
1	7	6	9	5	8	4	2	3
3	2	9	7	1	4	5	8	6

Puzzle 81

7	6	4	9	5	3	1	2	8
5	3	1	2	4	8	6	9	7
9	2	8	1	6	7	3	5	4
4	7	3	8	1	9	5	6	2
8	1	6	5	2	4	9	7	3
2	5	9	3	7	6	8	4	1
6	4	5	7	8	1	2	3	9
3	8	7	6	9	2	4	1	5
1	9	2	4	3	5	7	8	6

Puzzle 82

6	4	7	5	2	9	1	8	3
8	9	3	4	1	7	5	6	2
1	2	5	8	6	3	7	9	4
3	6	9	7	4	1	2	5	8
2	7	4	3	8	5	9	1	6
5	1	8	2	9	6	4	3	7
4	5	1	6	3	2	8	7	9
9	8	6	1	7	4	3	2	5
7	3	2	9	5	8	6	4	1

Puzzle 83

8	1	2	9	6	7	4	5	3
4	9	3	5	8	1	2	7	6
6	5	7	3	4	2	8	9	1
2	6	5	4	1	3	9	8	7
1	3	9	7	5	8	6	2	4
7	4	8	2	9	6	1	3	5
3	2	4	6	7	9	5	1	8
9	8	6	1	3	5	7	4	2
5	7	1	8	2	4	3	6	9

Puzzle 84

7	6	5	9	4	1	2	3	8
1	2	8	3	5	7	9	4	6
9	4	3	2	8	6	7	5	1
4	7	2	6	1	5	3	8	9
8	5	1	7	9	3	6	2	4
3	9	6	4	2	8	5	1	7
6	1	7	8	3	2	4	9	5
2	8	4	5	7	9	1	6	3
5	3	9	1	6	4	8	7	2

Puzzle 85

6	5	8	2	4	7	9	1	3
7	1	9	8	3	5	2	4	6
2	4	3	6	1	9	5	8	7
1	6	5	7	9	2	4	3	8
3	9	4	5	8	1	6	7	2
8	7	2	4	6	3	1	9	5
9	8	7	1	2	6	3	5	4
5	2	1	3	7	4	8	6	9
4	3	6	9	5	8	7	2	1

Puzzle 86

3	2	4	5	1	9	8	6	7
7	6	8	3	4	2	1	5	9
9	5	1	7	6	8	2	4	3
6	1	7	8	2	3	4	9	5
8	4	9	6	5	1	3	7	2
5	3	2	9	7	4	6	1	8
2	9	6	4	3	5	7	8	1
4	8	3	1	9	7	5	2	6
1	7	5	2	8	6	9	3	4

Puzzle 87

5	2	4	7	8	3	1	9	6
1	7	9	5	6	2	8	3	4
6	3	8	1	4	9	5	7	2
9	8	5	4	1	6	3	2	7
2	1	6	3	7	8	9	4	5
3	4	7	2	9	5	6	1	8
7	5	1	6	3	4	2	8	9
8	6	3	9	2	7	4	5	1
4	9	2	8	5	1	7	6	3

Puzzle 88

8	1	2	6	7	3	9	4	5
6	4	9	2	8	5	3	1	7
3	7	5	9	4	1	6	8	2
5	8	6	4	3	2	7	9	1
4	9	3	8	1	7	2	5	6
1	2	7	5	6	9	8	3	4
2	3	4	7	5	8	1	6	9
9	5	1	3	2	6	4	7	8
7	6	8	1	9	4	5	2	3

Puzzle 89

1	8	6	5	9	2	3	4	7
7	5	2	4	6	3	1	9	8
9	4	3	1	8	7	5	6	2
3	1	7	6	2	9	8	5	4
8	2	4	7	1	5	9	3	6
6	9	5	8	3	4	2	7	1
5	6	1	9	7	8	4	2	3
2	7	9	3	4	1	6	8	5
4	3	8	2	5	6	7	1	9

Puzzle 90

4	8	1	6	3	5	7	2	9
3	6	9	2	7	8	1	4	5
7	5	2	1	4	9	3	6	8
9	3	5	8	6	4	2	1	7
1	2	7	5	9	3	4	8	6
8	4	6	7	1	2	5	9	3
5	9	8	4	2	7	6	3	1
2	1	3	9	5	6	8	7	4
6	7	4	3	8	1	9	5	2

Puzzle 91

3	2	4	1	8	9	6	7	5
9	7	8	4	5	6	1	3	2
6	1	5	3	7	2	9	8	4
8	4	6	7	2	3	5	1	9
1	9	3	5	6	4	7	2	8
2	5	7	8	9	1	3	4	6
5	3	2	6	1	8	4	9	7
4	6	9	2	3	7	8	5	1
7	8	1	9	4	5	2	6	3

Puzzle 92

6	1	4	8	7	5	9	2	3
5	7	3	2	9	4	1	6	8
8	2	9	1	6	3	4	7	5
1	9	7	3	4	8	2	5	6
4	3	5	6	2	7	8	9	1
2	6	8	9	5	1	7	3	4
3	5	1	7	8	9	6	4	2
7	8	6	4	3	2	5	1	9
9	4	2	5	1	6	3	8	7

Puzzle 93

4	9	5	7	2	1	3	8	6
6	7	2	3	8	9	5	1	4
1	8	3	4	5	6	7	9	2
5	6	9	1	7	8	4	2	3
8	3	4	2	6	5	9	7	1
2	1	7	9	4	3	8	6	5
3	2	1	8	9	4	6	5	7
9	4	6	5	1	7	2	3	8
7	5	8	6	3	2	1	4	9

Puzzle 94

3	7	5	1	8	6	9	4	2
1	9	8	7	2	4	3	6	5
2	6	4	5	3	9	1	7	8
6	1	9	2	7	3	5	8	4
5	3	7	8	4	1	6	2	9
8	4	2	6	9	5	7	3	1
9	5	3	4	6	2	8	1	7
4	8	1	3	5	7	2	9	6
7	2	6	9	1	8	4	5	3

Puzzle 95

4	5	8	2	7	3	6	1	9
3	6	2	9	8	1	4	7	5
1	9	7	6	5	4	8	3	2
2	8	9	7	4	6	3	5	1
7	3	6	1	2	5	9	4	8
5	4	1	8	3	9	7	2	6
8	1	3	4	9	2	5	6	7
9	2	5	3	6	7	1	8	4
6	7	4	5	1	8	2	9	3

Puzzle 96

8	1	6	5	7	9	2	4	3
3	9	5	4	2	1	7	8	6
4	7	2	6	3	8	1	9	5
2	3	7	1	4	5	8	6	9
6	5	1	9	8	7	3	2	4
9	4	8	2	6	3	5	1	7
7	6	4	8	5	2	9	3	1
5	2	9	3	1	4	6	7	8
1	8	3	7	9	6	4	5	2

Puzzle 97

7	6	3	5	9	4	8	2	1
2	8	1	6	7	3	4	9	5
5	4	9	8	1	2	7	6	3
3	7	6	4	8	5	9	1	2
8	9	5	1	2	7	6	3	4
4	1	2	9	3	6	5	8	7
6	2	4	3	5	9	1	7	8
1	5	7	2	6	8	3	4	9
9	3	8	7	4	1	2	5	6

Puzzle 98

1	8	7	5	2	9	6	3	4
4	3	9	7	8	6	2	5	1
5	6	2	1	4	3	8	7	9
2	4	1	9	3	5	7	6	8
9	7	3	6	1	8	4	2	5
6	5	8	2	7	4	1	9	3
7	2	5	8	9	1	3	4	6
8	9	4	3	6	2	5	1	7
3	1	6	4	5	7	9	8	2

Puzzle 99

3	5	6	4	8	1	2	9	7
2	7	8	5	3	9	1	4	6
4	9	1	7	2	6	8	5	3
7	3	5	6	4	8	9	2	1
6	1	2	3	9	5	7	8	4
9	8	4	1	7	2	3	6	5
8	4	3	9	5	7	6	1	2
1	2	7	8	6	4	5	3	9
5	6	9	2	1	3	4	7	8

Puzzle 100

7	6	9	4	8	2	5	1	3
5	1	4	3	7	9	8	2	6
8	2	3	6	1	5	7	4	9
9	8	5	2	3	6	4	7	1
3	7	1	5	4	8	6	9	2
6	4	2	7	9	1	3	5	8
2	3	8	9	5	4	1	6	7
1	5	6	8	2	7	9	3	4
4	9	7	1	6	3	2	8	5

www.ingramcontent.com/pod-product-compliance
Lightning Source LLC
Chambersburg PA
CBHW070818220526
45466CB00002B/711